Eva Tornatzky

Scherenschnitte

Faltschnitte

Frech-Verlag Stuttgart

Text: Christine Kunsmann

Auflage: 5.
Jahr: 1996

Letzte Zahlen maßgebend

frech-verlag

ISBN 3-7724-1524-5 · Best.-Nr. 1524

GmbH+Co. Druck KG Stuttgart · Druck: Frech, Stuttgart 31

Der Umgang mit Papier und Schere will geübt sein – wählen Sie deshalb für Ihre ersten Schnittversuche möglichst einfache Motive. Und Sie werden sehen: Mit etwas Übung und einer Portion Geduld werden Sie sich bald an filigrane Darstellungen wagen können!

Sie finden in diesem Buch Anleitungen und Vorlagen für Faltschnitte. Wie jeder andere Scherenschnitt auch, bestehen sie – unabhängig von ihrer Größe – immer aus einem zusammenhängenden Papier. Hinzu kommt jedoch noch, daß Sie damit symmetrische Motive erhalten, da in einem Arbeitsgang zwei Hälften geschnitten werden. Achten Sie daher unbedingt darauf, daß am Papierbruch, also an der Faltstelle, eine Mittelachse stehenbleibt. Sonst fallen Ihnen beim Aufklappen die beiden Teile auseinander!

Verstehen Sie die Vorlagen in diesem Buch durchaus auch als Anregung, Motive zu variieren und neu zu kombinieren – die Gestaltungsmöglichkeiten mit Papier und Schere sind unzählig!

Material/Werkzeug

- Bleistift
- Schere
- Radiergummi
- Papiermesser o. ä.
- Scherenschnittpapier/Buntpapier
- Tapetenkleister/Eiweiß
- Pinsel
- Wasser
- Transparentpapier
- Kohlepapier

Die Schere

Sehr wichtig für einen gelungenen Scherenschnitt ist eine gute Schere. Wenn keine spezielle Schere vorhanden ist, können Sie auch eine Nagelschere oder eine Stickschere verwenden; mit einer gebogenen Schere läßt sich auch arbeiten, besser ist jedoch eine gerade.

Im Fachhandel kann man Scherenschnitt-/Silhouettenscheren kaufen; sie haben kurze Schneiden und lange Griffe. Machen Sie beim Kauf einfach eine Schnittprobe und achten Sie darauf, daß die Schere bis in die Spitze hinein gleichmäßig schneidet und scharf ist.

Für besonders fein gearbeitete Scherenschnitte ist es wichtig, daß das Ende der Schneiden ganz spitz ausläuft. Ich habe meine Schere im Fachgeschäft auf der flachen Seite oben und unten zuspitzen bzw. abflachen lassen; so ist sie für feine Arbeiten bestens geeignet.

Mit einer guten Scherenschnittschere sollten Sie nur Papier schneiden, bei anderen Materialien wird sie zu schnell stumpf und eignet sich dann nicht mehr für feine Schnitte.

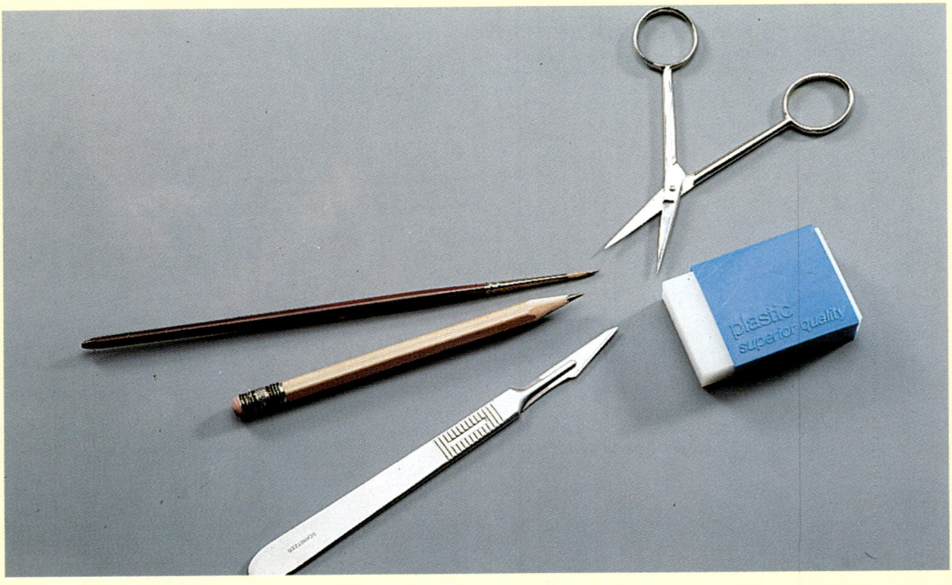

Die Schere sollte auch von Zeit zu Zeit im Fachgeschäft nachgeschliffen werden.

Nehmen Sie für erste Übungen einfach die nächstbeste kleine Schere und ein Stück Papier zur Hand – „Übung macht den Meister".

Das Papier

Es gibt spezielles Scherenschnittpapier mit geschwärzter Vorderseite: gummiert und ungummiert. Es ist in Heftchen oder in Bogen im Fachhandel erhältlich.

Wenn der Scherenschnitt größer werden soll, empfiehlt sich die Wahl eines kräftigeren Papiers; bei feineren, filigranen Arbeiten ist dünnes Papier besser.

Gummiertes Papier hat den Vorteil, daß man es beim Aufkleben nur anfeuchten muß. Der Nachteil ist allerdings, daß es beim Schneiden an den Fingern klebt, wenn man feuchte Hände hat.

Ungummiertes Papier ist manchmal dünner, das Aufkleben ist etwas schwieriger. Am besten versuchen Sie selbst herauszufinden, mit welchem Material Sie gut zurechtkommen.

Ein Scherenschnitt kann auch aus weißem Schreibmaschinenpapier oder aus mattem bzw. glänzendem Buntpapier geschnitten werden. Beim Kauf von Buntpapier sollten Sie jedoch darauf achten, daß die Farbschicht beim Falten nicht bricht, nur dann ist es für den Faltschnitt geeignet.

Zum Verzieren der Scherenschnitte benötigt man oft nur kleine bunte Papierstücke in nicht zu grellen Farben. Daher sammle ich immer die verschiedensten Papiere, die ich dann bei den Scherenschnitten als kleines „Farbtupferl" verwende, beispielsweise für ein Herz oder für die Schürze, das Kleid oder die Bluse eines Kindes. Besonders gut sehen auch Stückchen von chinesischen Servietten aus.

Die Technik

Erfahrung, die aus Übung und Praxis gewonnen wird, lehrt besser und gründlicher als jede theoretische Anleitung, wie und womit man am ehesten zu den erwünschten Ergebnissen gelangt.

Schneiden Sie am Anfang lieber gröbere Arbeiten und wagen Sie sich nicht gleich an zu komplizierte Motive – sonst ist die Lust am Scherenschnitt schnell dahin! Erst nach ein bißchen Übung im Umgang mit der Schere sollten Sie sich an filigranen Darstellungen versuchen.

Der Vorteil beim Faltschnitt/Symmetrieschnitt ist der, daß nur eine Hälfte vorgezeichnet und ausgeschnitten werden muß. Als Ergebnis erhalten Sie jedoch einen kompletten Scherenschnitt – da macht das Schneiden Spaß!

Ein Stück Papier wird – mit der schwarzen bzw. bunten Seite nach innen – in der Mitte gefaltet.

Beim Aufzeichnen des Motivs (nur eine Hälfte) muß sich der Bruch des gefalteten Papiers auf der linken Seite befinden.

falsch

richtig

Mittel- oder Ringfinger als Stütze

Zeichnen Sie das gewünschte Motiv vom Mittelbruch aus nach rechts auf und achten Sie darauf, daß am Mittelbruch eine Achse stehenbleibt.

Führen Sie die Schere mit der rechten Hand zügig, aber ohne Hast. Mit der linken Hand wird das Papier locker nach dem Motiv gedreht, während man die Schere stets ruhig hält. Fassen Sie das Papier immer dort an, wo noch nichts ausgeschnitten ist. Linkshänder arbeiten umgekehrt.

Wichtig: Die Schere wird nicht nach dem Motiv, sondern das Papier nach dem Motiv gedreht.

Achten Sie darauf, daß das Motiv nicht durchgeschnitten wird, sondern zusammenbleibt. Das Papier muß so gehalten werden, daß die beiden Lagen sich nicht verschieben können. Bei schwierigeren Arbeiten besteht die Möglichkeit, das Papier mit feinen Stichen zusammenzunähen oder mit Klebeband festzukleben – aber natürlich außerhalb des Motivs!

Das gefaltete Papier darf erst dann wieder geöffnet werden, wenn der Scherenschnitt vollendet ist, auf keinen Fall vorher! Sie können es sonst nie wieder millimetergenau zusammenlegen.

Und noch ein Tip: Der linke Mittel- oder Ringfinger kann Ihnen beim Schneiden als Stütze, fast schon als „kleiner Tisch" sehr hilfreich sein.

Beispiele

Bei diesen beiden Motiven schneide ich gleichmäßig von unten nach oben; die kleinen Einschnitte im Efeublatt können mit dem Papiermesser zum Schluß ausgeführt werden.

Vorgezeichnet:

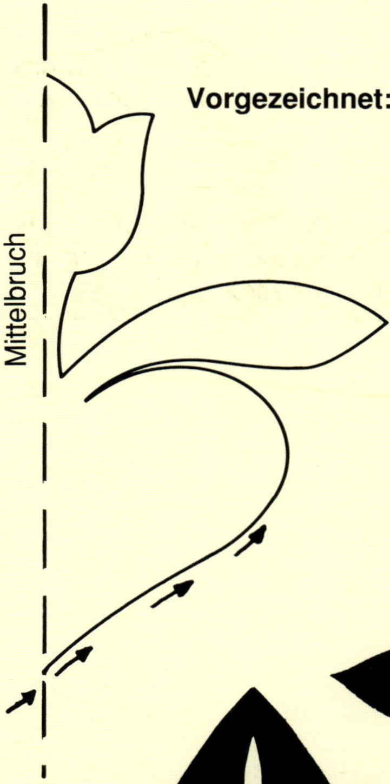

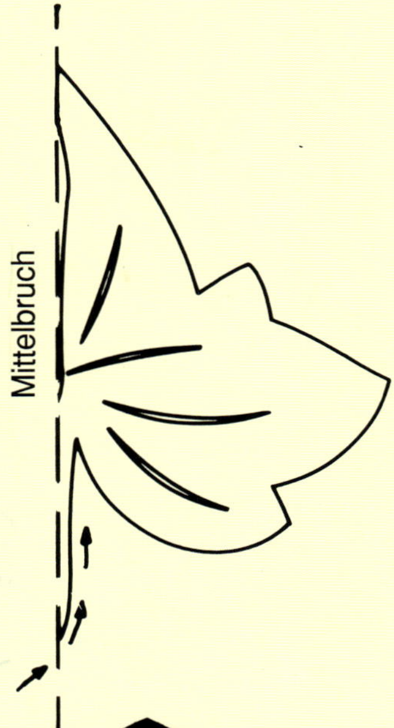

Schnitt entfaltet:

Hier schneide ich von rechts außen zum Mittelbruch hin, das Teil unter dem Hasen bzw. unter dem Zwerg wird zuletzt abgeschnitten.

Vorgezeichnet:

Schnitt entfaltet:

Bei der abgebildeten Herz-Borte, die beliebig lang sein kann, schneidet man zuerst am Mittelbruch, also das Innere der Herzen (1), dann erst die äußeren Konturen (2) aus.

Beim folgenden Motiv beginne ich am Herz (unten) zu schneiden; der Papierabfall kann während der Arbeit immer wieder einmal entfernt werden.

Vorgezeichnet:

Schnitt entfaltet:

Vorgezeichnet:

Schnitt entfaltet:

Man kann auch einen Faltschnitt schneiden, der nicht ganz symmetrisch ist wie etwa der kleine Vogel rechts. Dafür wird zuerst der symmetrische Teil vorgezeichnet und ausgeschnitten, wobei das Papier für den asymmetrischen Teil stehenbleiben muß. Danach wird der Faltschnitt auseinandergefaltet, der asymmetrische Teil auf die Rückseite des Papiers gezeichnet und ausgeschnitten. Beachten Sie, daß die Schere einfaches Papier leichter durchschneidet als doppeltes.

Der positive und negative Faltschnitt – aus eins mach zwei

In einem Arbeitsgang können zwei Scherenschnitte entstehen, wenn Sie einen Faltschnitt ausschneiden und dabei das Papier, das sonst immer als Abfall gesehen wird, zusammenlassen und beim Schneiden nicht entfernen.

Dabei muß sehr sorgfältig gearbeitet werden, denn es dürfen keine unnötigen Einschnitte entstehen.

Anschließend werden beide Teile auseinandergefaltet; das Ergebnis ist verblüffend: Sie haben ein schwarzes und ein weißes Motiv.

Wenn Sie auf der Suche nach Motiven sind, schauen Sie sich doch einfach in der Natur um: Nehmen Sie zum Beispiel ein Blatt oder eine Blüte und strahlen Sie sie mit einer Lampe an, so daß sie auf einem weißen Stück Papier Schatten werfen. Sie werden selbst entdekken, wie einfach und wie schön dieses Bild ist – ein perfekter Scherenschnitt!

Orig. Scherenschnitt v. Eva

Das Aufkleben

Für „Problemfälle“ folgender Tip: Kleben Sie am Anfang Ihren Scherenschnitt nur an ein paar Punkten fest, damit sich das Motiv nicht mehr verschieben kann. Arbeiten Sie dann Schritt für Schritt weiter.

Der fertige Scherenschnitt sollte vor dem Aufkleben in einem Buch oder unter einer Glasplatte gepreßt werden, da das Papier sich sonst einrollt und nur schwer auf einen Hintergrund (z.B. Leinenkarton) geklebt werden kann.

Der Scherenschnitt wird auf den gewünschten Hintergrund (z.B. Leinenkarton) gelegt und auf die Stelle gerückt, auf die er aufgeklebt werden soll. Kleben Sie nur die wichtigsten Teile des Scherenschnitts fest, denn durch den Lichteinfall entstehen Schatten, die den Scherenschnitt „lebendiger“ erscheinen lassen.

Grobe Scherenschnitte können mit dem Pinsel auf der Rückseite mit Wasser befeuchtet bzw. mit Kleister/Eiweiß eingestrichen und als Ganzes angeklebt werden.

Achten Sie jedoch darauf, daß der Scherenschnitt nicht mit zuviel Wasser oder Kleister bestrichen wird, da die überschüssige Flüssigkeit beim Aufdrücken hervorquillt und Flecken auf der Vorderseite des Motivs hinterläßt.

Größere und auch filigrane Arbeiten sind schwieriger aufzukleben. Es können dabei dünne Teilchen reißen, und wenn zu große Flächen auf einmal befeuchtet werden, ringelt sich das Papier. Gehen Sie deshalb mit viel Geduld und Sorgfalt an die Sache heran. Es wäre doch schade, wenn Sie Ihren fertigen Scherenschnitt jetzt noch verderben würden!

Hier befestige ich zuerst das Herz und arbeite dann links und rechts weiter.

Bei diesem Motiv wird am besten zuerst das untere Teil festgeklebt, dann die Hasen und zuletzt die Blumen.

Wenn der Scherenschnitt aufgeklebt ist, wird er mit einem sauberen Blatt Papier (z.B. Löschpapier) bedeckt und mit einem schweren Gegenstand beschwert.

Verwendungsvorschläge

Glückwunschkarten
eingerahmte Scherenschnitte
beklebte Spanschachteln (lackiert)
beklebte Holzbroschen (lackiert)
beklebte Holzteller (lackiert)
beklebte Ostereier (lackiert)
Lesezeichen
Briefpapier
Verzierung von Alben
Tischkarten
Kalenderblätter
Einladungen

Scherenschnitte sind oft liebevolle kleine Geschenkideen. Variieren Sie ruhig die abgebildeten Vorlagen, wenn Sie mit Ihren Motiven ganz bestimmte Teller, Schachteln oder Eier schmücken wollen! Sie können auch einzelne Teile, z.B. ein Herz, bunt bekleben (s. Seite 5).

Vorlagen

Die im Buch und auf dem Vorlagenbogen abgebildeten Motive können Sie auf unterschiedliche Arten übernehmen:

Am einfachsten ist es, den Scherenschnitt zu fotokopieren und mit Hilfe eines Kohlepapiers zu übertragen. Notfalls kann die Rückseite der Kopie (unterhalb des Motivs) auch mit einem weichen Bleistift eingeschwärzt werden; wenn man anschließend das Motiv mit einem Kugelschreiber oder einem spitzen Bleistift nachzeichnet, erhalten Sie den gleichen Effekt wie bei Kohlepapier.

Eine weitere Möglichkeit ist, die Konturen auf Transparentpapier abzuzeichnen und mit Kohlepapier zu übertragen.

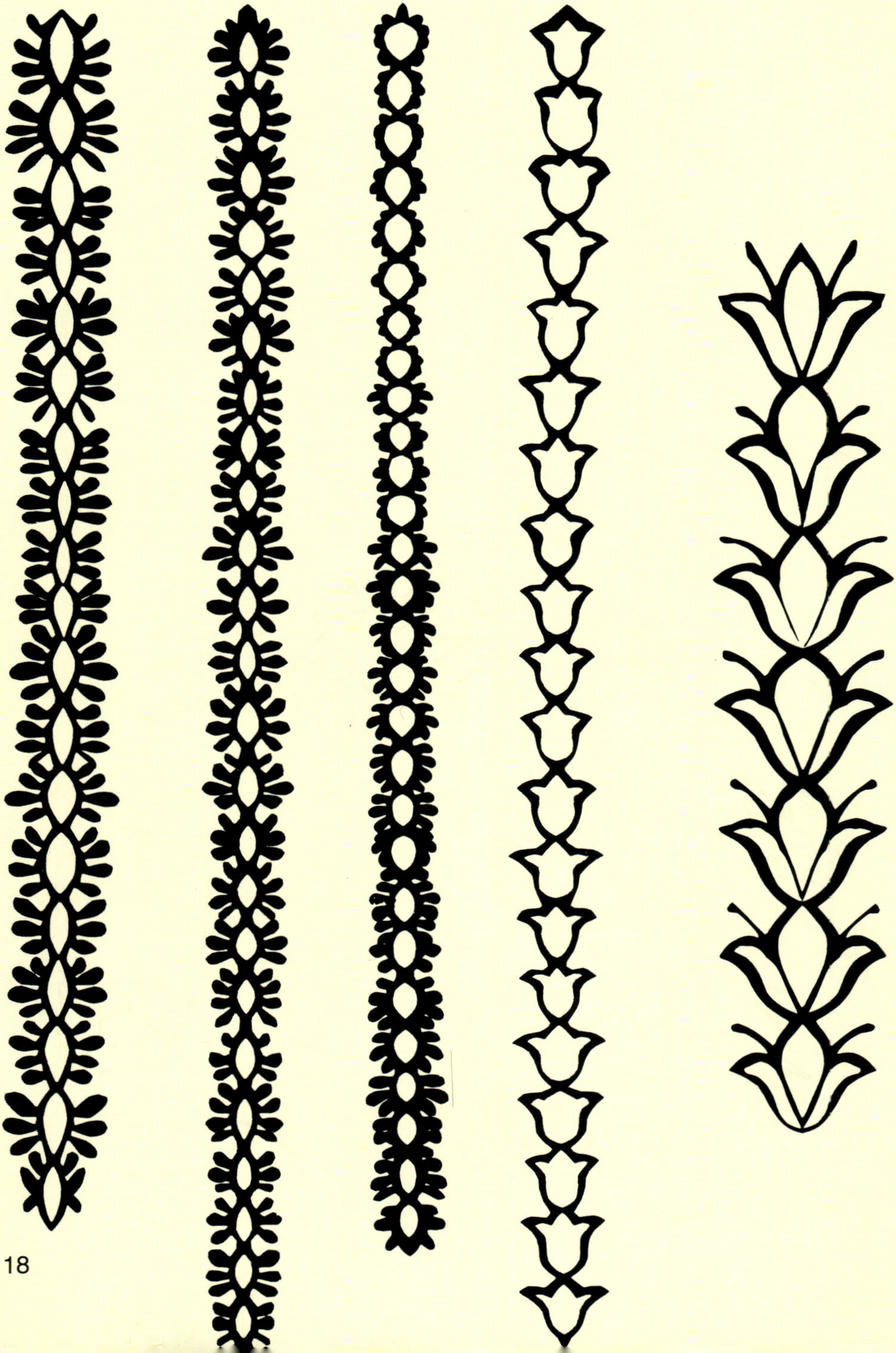

Orig. Scherenschnitt v. Eva

Frech-Verlag Stuttgart
Eva Tornatzky
Scherenschnitte
Bestell-Nr. 1524
Vorlagenbogen

Orig. Scherenschnitt v. Eva